AF582313

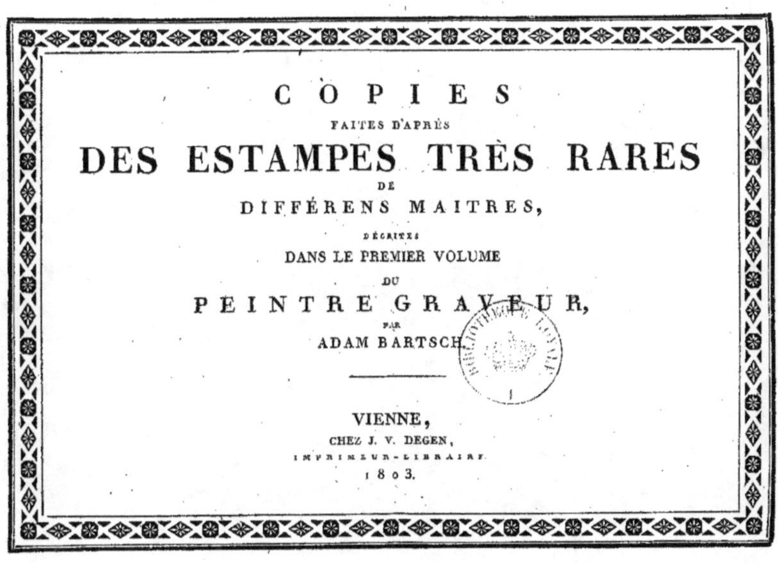

COPIES
FAITES D'APRÈS
DES ESTAMPES TRÈS RARES
DE
DIFFÉRENS MAITRES,
DÉCRITES
DANS LE PREMIER VOLUME
DU
PEINTRE GRAVEUR,
PAR
ADAM BARTSCH.

BIBLIOTHEQUE ROYALE

VIENNE,
CHEZ J. V. DEGEN,
IMPRIMEUR-LIBRAIRE.
1803.

A. Bartsch sc.

A. Bartsch sc.

A. Bartsch sc.

H. Roos f. A. Bartsch sc.

J. le Ducq fecit
A. Bartsch sc.

A.Bartsch sc.

A. Bartsch sc.
JHRoos, 1685

N. Berghem f.

www.ingramcontent.com/pod-product-compliance
Lightning Source LLC
LaVergne TN
LVHW050455160826
845677LV00003B/787

* 9 7 8 2 3 2 9 6 7 5 8 8 6 *